传统中国
中国华服

万建中◎主编　宸唐工作室◎绘

吉林科学技术出版社

商代 shāng dài

中国华服

传统中国

　　服饰分为服装和配饰两部分,从山顶洞人使用兽皮缝制服装开始,到黄帝时期的"上衣下裳",经过漫长岁月的演变,到商代已经发展出头衣、体衣、足衣等一套非常完整的服装形式。

　　商代服饰并没有留下实物,但在史料记载和墓葬考古发掘中,我们可以窥知一二。商代服饰根据用途可以分为祭祀服、朝会服、从戎服、吊丧服、婚礼服等等,下图是常见的服饰之一。

★衣料

在甲骨文和青铜器铭文的记载中,商代的衣料种类丰富,有丝、麻、皮、革等,使用非常普遍。而在墓葬遗址中,更是发现使用了印染与织花技术的衣物。

[先秦]佚名

诗经·邶风·绿衣(节选)

绿兮衣兮,
绿衣黄里。
心之忧矣,
曷维其已!

绿兮衣兮,
绿衣黄裳。
心之忧矣,
曷维其亡!

★配饰

商代服饰中,配饰的种类较多,有头饰、耳饰、颈饰、腕饰、腰饰等等。商代使用骨笄(jī)、玉笄或金、银制作的金属笄来束发,笄的头部有方形、圆形、动物形状等。

★体衣

商代的体衣多为上衣下裳、交领右衽（rèn），外面有带系在腰间。商代人上身着衣，下身着裙（即裳），衣服的左右两襟在胸前相交（即交领），左前襟将右襟掩盖在内（即右衽）。

★头衣

头衣又称元衣、元服，即现在所说的帽子。商代的头衣已经发展到较为成熟的阶段，大体分为高冠、矮冠、圆箍状冠和巾帻冠，当然也有大部分人不穿着头衣。

★足衣

足衣指穿着在足上的装束，又称履，多用来指鞋、袜。商代的鞋一般由葛藤、草、皮革或是丝织品制成，有的做成平头鞋、有的做成尖头鞋。袜一般是用布帛、熟皮制成的。

周代 zhōu dài

中国华服

传统中国

周代作为接替商代的下一个王朝，除了继承商代基本的服饰形制，还发展出了完整的服饰等级制度，从服饰的形式、颜色、图案等方面严格规定服饰与阶级地位、穿着场合的关系，绝不能错穿。

周代服饰中，"上衣下裳"已成为固定形式，由此"衣裳"逐渐成为服装的通称。周代的王室贵族为了表示地位尊贵，会在不同场合穿着不同形制的冠冕和衣裳。

★衣料

周代非常重视养蚕业，丝绸产量有所增加。但是由于身份等级的差异，大多数平民只能穿着本色麻、葛布衣或粗毛布衣，甚至是草编的"牛衣"。

国风·豳风·七月（节选）
[先秦] 佚名

七月流火，九月授衣。
一之日觱发，二之日栗烈。
无衣无褐，何以卒岁？

★佩玉

佩玉的习俗在商代就已流行。到了周代，人们更是将玉和君子高洁的品德联系在一起，认为"古之君子必佩玉"。佩玉一般分为玉珪（guī）、玉瑗（yuán）、玉玦（jué）等，或是不同造型的玉穿成的组佩，上面雕刻人、龙、鸟、兽等花纹。

玉珪　玉玦

★冕服

冕(miǎn)服是古代帝王举行重大仪式时穿的礼服，包括冕冠、玄衣（黑色上衣）、纁(xūn)裳（赤黄色下裳）、腰带和赤舄(xì)（红色鞋子）等。冕冠前圆后方，前后各缀有十二串玉珠，礼服上装饰有十二章纹。

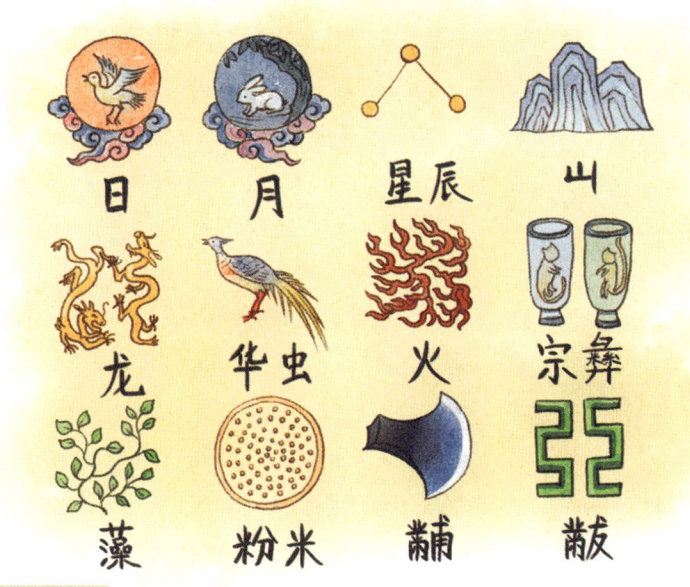

★十二章纹

十二章纹包括绘于冕服玄衣的日、月、星辰、山、龙、华虫（雉鸡），和绣于纁裳的火、宗彝(yí)、藻、粉米、黼(fǔ)、黻(fú)。日月星辰寓意照耀，山寓意稳重，龙寓意变幻，华虫寓意文采，火寓意光明，宗彝寓意忠孝，藻寓意洁净，粉米寓意滋养，黼寓意果断，黻寓意明辨。

★蔽膝

蔽膝穿戴在下裳的外面，具有保暖、美观和区分等级的作用。蔽膝由染色的布帛制成，或是由染色的皮革制成，均以朱色为尊，赤色、白色、黑色次之。

春秋战国

chūn qiū zhàn guō

中国华服

传统中国

春秋战国时期，周天子统治力日渐衰微，几大诸侯国各自为政，互相竞争的同时也促进了服饰的交流发展。春秋战国时期的纺织材料、服装剪裁以及装饰，与之前相比都发生了巨大的变化。

春秋战国时期，上到王侯贵族，下到大臣客卿，都以服饰贵重为荣。此时，人们突破了不能在市场贩卖珠玉锦绣的规定，许多华贵、精美的服饰也在此时期在市面上贩卖。

★ 纹样

春秋战国时期的服饰纹样具有生动灵活、繁而不乱的特点，在继承商周时期几何图案的基础上，又加入灵动的鸟兽等动物纹样，以及花草纹、藤曼纹等等。

九章·涉江（节选）
[战国] 屈原

余幼好此奇服兮，
年既老而不衰。
带长铗之陆离兮，
冠切云之崔嵬，
被明月兮佩宝璐。

★ 配饰

春秋战国时期的配饰主要有佩玉、宝剑等。随着玉石雕刻技术的发展，上层人士大多喜欢佩戴几件精致的小件佩玉。宝剑作为春秋战国时期的新兵器，一般贵族佩戴时，多镶嵌金玉。

★深衣

据史学家推断，深衣可能于春秋战国时期出现，是当时各个阶层穿着的服装。深衣创造性地把上衣下裳合二为一，但仍保留上下的分界线。深衣分为交领斜襟（曲裾）和直襟（直裾）等形式。

★胡服

战国时期赵国的赵武灵王颁布胡服令，推行胡服骑射。胡服，指当时"胡人"（即中原以外地区的异族人）的服饰，衣长及膝、腰间束带、脚下穿靴，便于骑射。

★带钩

带钩起源于西周，战国时广为流行，是用来系腰带的挂钩。带钩除了实用性，更多的是镶金嵌玉，起到装饰的作用。带钩种类繁多，制作精美，还可以装在腰侧用来悬挂宝剑、印章等。

秦代

qín dài

中国华服

传统中国

　　战国末期，秦始皇统一六国，建立大一统的国家——大秦帝国。秦代初期曾经将六国的车马、服饰全部收缴，因此秦代服饰在延续战国时期特点的基础上，进行了统一和革新。

　　秦代崇尚武力，秦代服饰相应的具有严肃、干练等特点。男女衣服皆为交领右衽、衣袖较窄，衣服边缘和腰带上装饰有花纹精致的彩色织物。

皇帝	官员	庶民
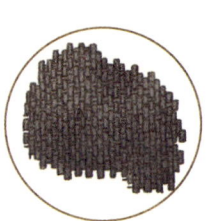	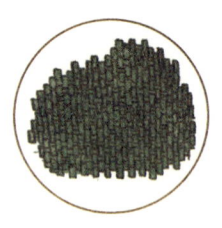	

★ 服色

秦代服饰崇尚黑色，以黑色为尊，秦始皇郊祀时只穿着上衣下裳均为黑色的礼服。三品以上官员穿着绿袍，庶人则穿着白袍。妃嫔服色则以迎合皇帝喜好为主，基本与五行相配合，春、夏、长夏、秋、冬分别对应青、赤、黄、白、黑五色。

秦宫诗（节选）
[唐] 李贺

越罗衫袂迎春风，
玉刻麒麟腰带红。
楼头曲宴仙人语，
帐底吹笙香雾浓。

★ 官服

秦代男子多以穿着袍服为贵。袍服产生于秦代以前，最初是一种夹有棉絮的内衣，后来逐渐演化为官服。秦代官员穿着大袖收口、装饰花边的袍服，头戴冠，执笏（hù）板、耳戴白笔。

★ 将领铠甲

秦代将领大多内着齐膝长襦，下着长裤，外面套有镶金属或皮革的革质铠甲。足穿方头革履，发髻多是上耸偏右，头戴皮质发冠。将领铠甲制作精细，常常绘有精美图案。

★ 士兵铠甲

秦代士兵分为步兵、骑兵、战车御手等类别。其中步兵着长襦、短裤，外披铠甲，系有裹腿。骑兵身着胡服，配以齐腰铠甲，下着长裤。战车御手则是在长襦外套上厚重的铠甲，以严密保护身体。

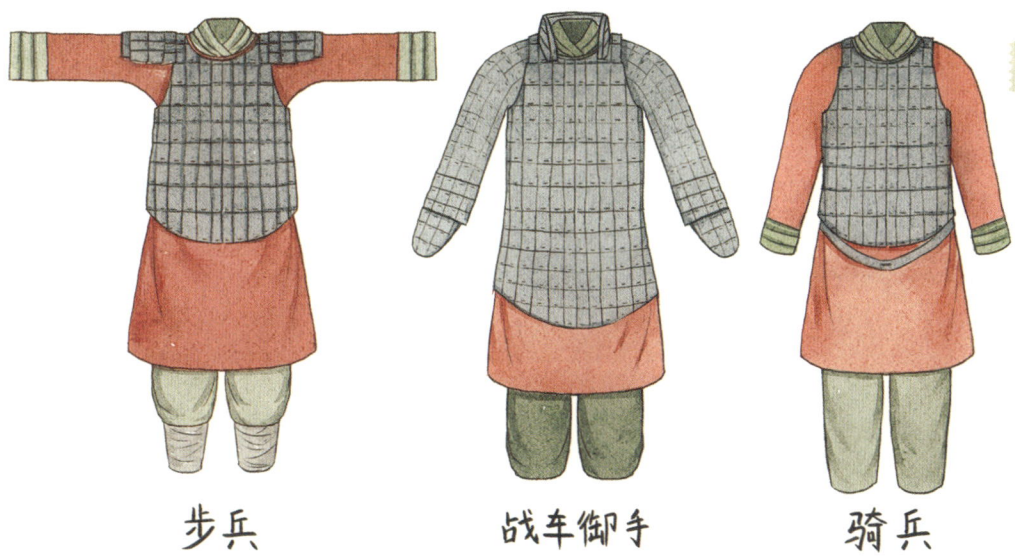

步兵　　战车御手　　骑兵

★ 缊袍褐衣

缊（yūn）袍褐衣本是穷苦百姓的衣着，但是在秦代，儒生阶层也做此装扮。儒生是遵从儒家学说的读书人，其中佼佼者被尊为博士，很受秦始皇的重视。儒生的衣服形制虽与百姓稍有不同，但衣料却是一样的。

汉代
hàn dài

中国华服

传统中国

汉代分为西汉和东汉两个时期，西汉承接秦代，衣冠服饰与秦代一脉相承，却又多了几分创新。到了东汉，逐渐发展出具有汉代特色的服饰，并创立了明确的冠服制度。

西汉多穿着深衣，与战国时期不同，女子深衣下摆逐渐加宽，衣裙呈喇叭状，走路摇曳多姿且不露鞋面。东汉又出现了通裁的袍服，即上下衣之间无缝。而劳动人民则男子着短襦与长裤，女子上穿短襦，下着长裙。

★冠帽巾帻

冠　巾　帻

冠和巾是汉代男子成年后佩戴的头饰。男子20岁后，有地位的贵族和官员戴冠，不同形制的冠还有区分身份等级的作用。百姓则只能佩巾，其中帻（zé）是带有帽圈的巾。而帽一般用来御寒。

陌上桑（节选）
[汉] 佚名

头上倭堕髻，
耳中明月珠。
缃绮为下裙，
紫绮为上襦。

★发髻

汉代女子发型多种多样，或是让头发自然垂在脑后，只在发尾绑起；或是将头发分为两束，在头顶挽成不同形状，如堕马髻（jì）、垂云髻、双鬟髻等等。其中堕马髻与愁眉、啼妆、折腰步最受汉代女子喜爱。

堕马髻　垂云髻　双鬟髻

★ 佩绶

汉代将前人的佩饰习俗逐渐发展成为佩绶，绶的系结方式通常是打成一个大回环，然后下面系印章。印装于腰间的鞶（pán）囊中，系于绶的一端，垂于外边，绶的另一端垂于身后，称印绶。

★ 衣料纹样

汉代衣料绣有繁复的花纹，除了山水纹饰、寓意吉祥的动物、植物，更加入了文字元素，将"延年益寿""万寿如意""长乐明光"等吉祥铭文加入花纹间隙中，表达人们祈求幸福的美好愿望。

★ 丝绸之路

汉武帝建元二年（公元前139年）张骞奉命出使西域，开辟了通向西域各国的通商道路，史称"丝绸之路"。与西域各国的来往通商，使中国服饰走向世界，同时也将西域风情植入汉代服饰。

魏晋南北朝

wèi jìn nán běi cháo

中国华服

传统中国

魏晋南北朝时期是中国古代服装史的大变动时期，这个时期大量的外族人搬往中原，服装融入了各方特色。魏晋时期，由魏文帝曹丕制定的"九品中正制"，为官服的发展奠定了基础。南北朝时期则主要是民族服饰大融合。

魏晋南北朝时期流行"褒衣博带"，即身着宽袍，腰系阔带。魏晋时期的竹林七贤更是冲破世俗礼教，他们宽衣大袖、袒露胸膛、披散头发，常在竹林中设宴赋诗。女子衣着则逐渐向上衣短小，下裙宽大发展。

★袴褶

袴褶（kùzhě）来自北方民族，上身是齐膝大袖或小袖的衣服，下身是宽大的喇叭裤，并在膝盖处系以长带。外面还可以加裲（liǎng）裆衫，即一种类似背心的服装，一般为前后两片，肩部用皮革或织物连接。贵族或官员会在最外层加穿披风式外衣。

> **洛神赋（节选）**
> ［魏晋］曹丕
>
> 翩若惊鸿，婉若游龙。
> 荣曜秋菊，华茂春松。
> 髣髴兮若轻云之蔽月，
> 飘飖兮若流风之回雪。

★杂裾垂髾

杂裾垂髾（shāo）是深衣的变形，魏晋时期将深衣的下摆做成层层相叠的三角形，并在两边装饰飘带，称为垂髾，走起路来似燕子飞舞。到了南北朝时期，将垂髾的飘带去掉，加长下摆的三角形，使衣服更加飘逸。

★假发髻

魏晋南北朝时期流行高髻，以发量多、形似彩云为美，因此假发髻非常盛行。假发髻分量较重，因此平时多置于架子上，又称"假头"。穷苦女子没钱置办假发髻，故自号"无头"，有重要事宜时，要向他人"借头"。

★花黄

南北朝时期，女子将黄色的纸或是其他轻薄的材料剪成花、鸟、鱼的形状，再将其贴于额头正中，称为花黄。《木兰辞》中"当窗理云鬓，对镜贴花黄"即是对此妆容的生动描写。

★木屐

古代将装有木齿的鞋子称为"屐（jī）"，又多用木料制作，因此得名木屐。木屐鞋底前后各有一齿，走起路来会咯咯作响。南朝诗人谢灵运曾发明一种可以用于登山的木屐，称为"谢公屐"，上山时拆下前齿，下山时拆下后齿，便于保持平衡。

中国华服

隋唐五代

suí táng wǔ dài

传统中国

隋代结束了南北朝时期的动荡不安，重新形成统一的政权。隋唐时期，天子和百官的服饰多承袭旧制，具有严格的等级制度。其中颜色用来区分等级，花纹用来区分官阶。隋唐之后的五代十国时期，虽然政权变动，但繁华未减。

隋唐时期，富庶家庭多用丝绸、彩锦、彩绫等制作衣物，同时又配以五色彩绣、金银线绣、泥金银绘画、印染花纹等。随着盛唐时期的繁荣，衣料上绘制的花样也愈发多样化。

★男子服饰

男子官服多为头戴幞头,身穿圆领长袍(窄袖且衣长过膝,膝盖处有一道横向条纹),腰系红色且装饰有玉带钩、金色花纹的腰带,脚下穿乌皮六合靴。普通人家则穿直缀(斜领大袖、类似深衣的形制)或是短衫长裤。

> **丽人行(节选)**
> [唐]杜甫
>
> 绣罗衣裳照暮春,
> 蹙金孔雀银麒麟。
> 头上何所有?
> 翠微匎叶垂鬓唇。
> 背后何所见?
> 珠压腰衱稳称身。

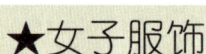

★女子服饰

隋唐五代时期的女子服饰更为华丽多样,女子一般穿着襦裙(即短上衣和长裙),束高髻,头上插有步摇、金雀钗等头饰,脸上贴有花鸟形状的花子,脚下穿平头或高头、绣有花纹的鞋子。

★幞头

幞（fú）头始于南北朝时期，在隋唐时期逐渐流行起来。幞头由黑纱做成，内有软胎。佩戴时裹在发髻上，上方突起且微微前倾。幞头共有四条帽带，两条用来固定帽子，两条垂于脑后或是向两侧翘起，五代时期后垂的两条带子由软脚变为硬脚。

方顶硬壳幞头　　结式幞头

★襦裙

隋代襦裙　　唐代襦裙

隋代的襦裙与魏晋时期不同，重新变化为窄袖，上衣日渐短小，下裙越发宽阔飘逸。唐代襦裙则逐渐发展为袖子宽大、长裙在身后拖曳的形式，甚至需要用法令限制袖子和长裙的长度。

★半臂

半臂最初流行于隋唐时期的宫廷中，后逐渐传入民间。半臂的袖子只到肘部，衣长可到腰部，穿着时用带子在胸前系起。半臂通常与披帛一起穿戴，披帛即绘有花纹的薄纱，披于肩部，两端绕在手臂上，衬托女子的美丽妖娆。

宋代 sòng dài

中国华服

传统中国

宋代形成了统一的国家政权，为民族服饰的融合提供了基础。宋代政权建立初期，依照《三礼图》（即《周礼》《仪礼》《礼记》宫室、舆服等物之图）重新制定服饰制度。从颜色、面料、形制上对民间多有禁令。

从宋代名画《清明上河图》中可以看出，贵族和官员大多穿着长至脚面的长袍，而平民则是身着短衣，挽起袖子，系上裤腿，这样更有利于劳作。

★宋代花冠

宋代女子间流行花冠，简单一些的将头发梳成花苞模样，再加以装饰；复杂的则要在高高的发髻上重叠累加 2~3 层。花冠上插有形状各异的簪（zān）、钗、步摇、发梳等等。

> **禹祠（节选）**
> [宋] 陆游
>
> 豉添满筋莼丝紫，
> 蜜渍堆盘粉饵香。
> 团扇卖时春渐晚，
> 夹衣换后日初长。

★宋代幞头

宋代男子官服使用直脚幞头，仍是黑纱做成，内有木质的软胎，但两翅是平直且有逐渐延长的趋势，即我们平时说的乌纱帽。宋代幞头种类还包括两翅向斜上方弯曲的曲翅幞头。

★鱼袋

宋代承袭唐代官员佩鱼的制度，唐代需佩戴鱼符和鱼袋，是身份的象征。而宋代则简化为只需佩戴鱼袋，在鱼袋里装有金、银制的鱼或将其装饰在鱼袋表面。

★文人服饰

宋代文人雅士偏爱古旧风格，喜爱交领大袖的宽衣大袍，头上佩戴东坡巾。相传宋代文学家苏东坡时常佩戴由两层黑纱所做、前后左右各折一角的幅巾，因此得名东坡巾。

★窄袖袍

宋代女子服饰与唐代的宽大飘逸不同，以瘦长婉约为美。旋袄是宋代女子服饰中较为流行的一种，它衣长及膝，衣服为对襟但是没有扣子，可以露出腰上缠着的腰带，衣袖较瘦、长度在手腕处。

辽西夏金

liáo xī xià jīn

中国华服

传统中国

　　辽代、西夏、金代政权分别由中国古代契丹、党项、女真民族建立，其服饰分别有着各自的特点。同时，它们的存续时间互有交集，且与宋代也有交集，因此服饰方面从相互抵制到逐渐融合，发展出各有特色的民族服饰。

　　契丹、党项和女真起初并没有完善的服饰制度，但在建立政权以后，纷纷向宋代学习，建立了完整的制度，划分出严格的服饰等级。而三个民族最初都以狩猎为生，因此服饰上还有些许相似之处。

西夏服饰

★ 辽代发型

辽代男子通常将头顶的头发剃光，只留两鬓和前额的少量头发做装饰；还有的只留两鬓或是只留前额的头发，这种发型称为"髡（kūn）发"。女子一般梳发髻或是披发。

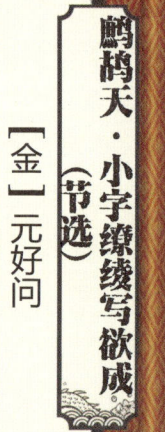

鹧鸪天·小字缭绫写欲成（节选）

[金] 元好问

小字缭绫写欲成。
印来眉黛绿分明。
水流刻漏何曾住，
玉作弹棋尽未平。

★ 金代发型

金代男子通常将前额头顶的头发全部剃光，后脑留长发且编成两条粗辫子垂于身后。女子则是将头发编起并盘于头顶，裹上头巾并装饰有金制发梳。

★辽代服饰

辽代男子一般穿着过膝圆领窄袖袍服,脚穿长靴,腰系革带,其上挂着弓囊、剑囊、刀等配饰。女子一般穿着长可及地的交领窄袖长袍,(其衣襟是左衽,与传统的汉族服饰所用右衽正相反),与男子一样,脚穿长靴,腰系革带。

★西夏服饰

西夏服饰与唐代相似,男子穿圆领窄袖袍服或是交领长袍,这两种服饰均为右衽,但发型却明显区别于汉族,流行髡发或披发;女子大多穿着翻领胡服,领子上有精美的刺绣,头上带桃形的金花冠。

★金代服饰

女真曾被辽国统治多年,因此最初的服饰形制与契丹类似,后逐渐融合宋代服饰特点。男子身穿交领窄袖长袍,脚穿长靴,腰系腰带,耳朵上装饰有金耳环。女子穿交领短衫和长裙,外罩对襟大袖衫。男女服饰均为左衽。

元代

yuán dài

中国华服

元代政权由蒙古族建立，入主中原后，元代统治者根据蒙古族和汉族的服饰特点，对服饰制度做了统一规定，其中包括面料、颜色、花纹等等。汉族官员仍保持唐代风格，蒙古族官员则穿合领衣，戴四方瓦楞帽。

传统中国

元代的过膝的长衣全部称为袍，一般样式为立领窄袖紧身右衽，且下摆较宽大。袍为男女通用，不分高低贵贱，但却在布料和颜色上区分身份。贵族衣物通常使用华丽的织金布料和贵重的毛皮。

★元代发型

汉族男性发型几乎无变化,女子发型趋于简化。蒙古族男子流行编发或髡发,编发将前额流出桃形发髻,其余头发编成大环或麻花状垂在耳边,髡发则将脑后头发剃掉,前额头发分左右两缕编起或垂散;女子多挽发髻,贵族加戴姑姑冠。

风入松·寄柯敬伸(节选)

[元] 虞集

画堂红袖倚清酣。
华发不胜簪。
几回晚直金銮殿,
东风软、花里停骖。
书诏许传宫烛,
轻罗初试朝衫。

★元代笠帽

笠帽分为圆顶的笠子帽和方形的瓦楞帽,有在帽顶装饰玉石珠子的,还有在帽顶装饰红缨。笠帽在元代非常流行,无论蒙古族还是汉族都可以佩戴。

★姑姑冠

蒙古族女子头戴的姑姑冠用木胎制成，其上用柳条或银片做出枝型，上包红绢，外层装饰有珍珠、羽毛等。姑姑冠两侧及帽后配有带子，耳侧有珍珠制成的耳饰。

★质孙服

质孙服是元代达官贵人地位和身份的象征，是皇帝所赐，显示其对臣民的宠爱，受赐者也以此为荣。质孙服由金线和棉线编织的织金棉制成，上面镶嵌有珠玉宝石做装饰，精美奢华。

★辫线袄

辫线袄衣长过膝，窄袖，使用彩锦制成，腰间围有彩色丝线捻成的细线，作用与腰带相似，又能起到装饰作用。辫线袄下摆较宽且带有褶皱，适于骑马。

明代 míng dài

中国华服 | 传统中国

明代是继元代以后由汉族建立的统一政权，根据汉族的传统，"上承周汉，下取唐宋"，重新制定了服饰制度。官服与唐代圆领服类似，但颜色不同，分别为绯袍、青袍和绿袍，废除了紫袍。而皇室除黄色外，又增加正红为贵色。

明代延续宋代使用的幞头，但形制稍有区别，皇帝的帽翅在后部向上竖起，官员的帽翅则向两侧伸展。冬季皇帝会赐给大臣毛皮做的暖耳，与现代的耳套类似，平民不能使用。

★ 补服

补服是官员在上朝、谢恩、宴会等场合所穿的服饰，胸前和背后均缝有补子，因此得名补服。官员的母亲和妻子也有补服，通常用于庆典或面见皇帝时穿着，其补子按照丈夫或儿子的品级而定，样式同文官的补子相同。

马上作
[明] 戚继光

南北驱驰报主情，
江花边月笑平生。
一年三百六十日，
多是横戈马上行。

★ 补子

补子是缝在官服前后的两块织锦，其上绣有禽、兽两类图案，用来区分官职大小。文官从一品至九品为仙鹤、锦鸡、孔雀、云雁、白鹇（xián）、鹭鸶、鸂𪄠（xīchì）、黄鹂、鹌鹑；武官为一品二品狮子、三品和四品虎豹、五品熊、六品和七品彪、八品犀牛、九品海马。

文官一品仙鹤

武官一、二品狮子

★罩甲

罩甲是明代的一种外衣，衣长过膝，有方领和圆领之分，短袖或无袖，套在窄袖衣之外。罩甲共有两种形式，对襟罩甲为骑马时所穿，非对襟式则没有过多穿着要求。其中，黄色罩甲为军队所用。

★帽子

明代的帽子样式繁多，其中有两种是明太祖朱元璋亲自设计的。一种是黑纱制作的方筒型帽子，称为四方平定巾；一种是由六片布料缝制的半圆形帽子，称为六合统一帽。

★襦裙

明代襦裙上身一般为短小的交领长袖上衣，下身穿长裙，有些腰间会加一条短小的腰裙，其上系有腰带。明初喜爱浅色带有暗纹的裙子，其后裙子的宽度和装饰日益复杂，出现了将整块布料手工做出细褶的百褶裙。

中国华服

清代
qīng dài

传统中国

清代是由满族建立的统一政权，因此服饰中满族的风格较为浓烈，规范的满族服饰由清太宗皇太极制定。清代服饰制度吸收了汉族传统服饰中的等级观念，黄色仅能被皇室使用。

清代官员除延续明代用补子区分官职外，还头戴不同形制的顶戴花翎。其上有一颗顶珠，使用不同材质区分品级。帽后所插孔雀翎也作为区分品级的标志。

★马褂

马褂衣长至腰部,下摆带有开叉,常有圆领或立领,衣襟多为对襟或大襟,袖口较平,通常穿在袍外,男女皆可穿着。衣袖至手肘部。

> 虞美人·曲阑深处重相见(节选)
> [清]纳兰性德
>
> 半生已分孤眠过,
> 山枕檀痕涴。
> 忆来何事最销魂,
> 第一折枝花样画罗裙。

★旗髻

旗髻是满族女子的发式,又分为"两把头""大拉翅"等。清初满族女子梳两把头,将头发分为左右两边,分别向后梳成发髻,剩余头发用扁方在头顶固定,头顶插珠花装饰。旗髻发展至清末逐渐繁琐复杂,最终形成像冠一样的头饰,俗称"大拉翅"。

★花盆底鞋

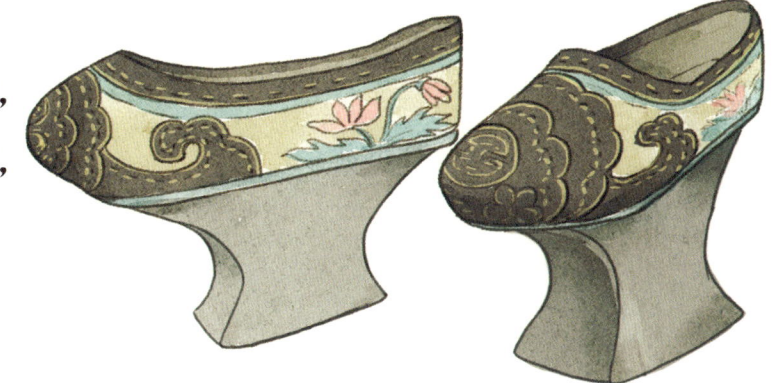

也称旗鞋,是清代满族女子所穿的高跟鞋。与现代高跟鞋不同,花盆底鞋在鞋底正中安装木质鞋底,鞋底高 5~15 厘米,上窄下宽,前平后圆,因形似花盆而得名。

★扳指

扳指上有一道拉动弓弦的凹槽,原是为了防止射箭时伤到手指,而在清代则变成贵族男子佩戴在拇指上的饰物。清代扳指多以翡翠、碧玺、玛瑙、珊瑚、金、银等制作,做工精巧,甚至刻有纹饰或诗词。

★巴图鲁坎肩

巴图鲁是满语中勇士的意思。巴图鲁坎肩无袖,由前后两片布组成,胸前领口下方横开一襟,钉有七颗纽扣,左右腋下各三颗纽扣,最初是骑马时所穿的御寒衣物,后流传至民间。